AF342715

V

4781

ESSAI
SUR LE TONNERRE

CONSIDÉRÉ

DANS SES EFFETS MORAUX
SUR LES HOMMES;

ET

SUR UN COUP DE FOUDRE
REMARQUABLE.

PAR J. LANTEIRES,

Professeur honoraire en Langue & Belles-Lettres Françaises à Lausanne.

Suivi de Notes communiquées à l'Auteur par Mr. le Professeur de Saussure de Genève.

Felix qui potuit rerum cognoscere causas.

A LAUSANNE,

Chez J. P. HEUBACH, DURAND ET COMP.

1789.

AVERTISSEMENT.

J'ai placé les Notes de Mr. de S A U S-
S U R E à la fin ; parce que j'ai crû que le
Lecteur préférerait de les trouver réunies ; que
d'ailleurs, par le moyen des renvois, il pour-
rait les consulter même en parcourant ma
Brochure.

J'ai divisé ce petit Essai en deux parties ;
parce qu'il m'a semblé qu'il pouvait & même
devait l'être, ne parlant dans l'une que des
impressions morales que fait sur l'homme le
Tonnerre, & dans l'autre que de ses effets
physiques.

Les Lecteurs du JOURNAL DE LAUSANNE
qui daigneront lire cette faible production,
observeront peut-être, que j'y employe quelquefois les mêmes expressions dont je me suis

4

ſervi en annonçant dans cette Feuille l'événement du coup de foudre qui a fait périr
la fille Bellet ; mais m'occupant du même
ſujet, faiſant mention du même fait, je me
ſuis flatté qu'on me pardonnerait de n'avoir
pas toujours évité les mêmes expreſſions.

PREMIERE PARTIE.

Du Tonnerre considéré dans ses effets moraux sur les hommes.

IL n'est point, peut-être, de phénomène de la nature qui plus que le tonnerre ait fixé à la fois, & à peu-près au même degré, l'attention de l'homme du monde, de l'homme du peuple, de l'homme instruit, & de l'homme ignorant ; qui leur ait inspiré plus de crainte & plus d'effroi, & les ait tous engagés, à proportion de leurs facultés intellectuelles, dans plus de conjectures fausses, dans plus d'erreurs, en recherchant la cause qui le produit & en voulant expliquer ses effets.

C'est peut-être, parce que tous également ont à craindre d'en être atteints, depuis le fier despote (*) jusqu'à l'humble berger ; que ce lan-

______

(*) On sait combien Tibère & Caligula craignaient le tonnerre ; & que dès qu'ils l'entendaient gronder, ils allaient se réfugier dans les endroits les plus profonds qu'ils pouvaient trouver.

A 3

gage menaçant & redoutable de la Nature fe
fait entendre non - feulement au fond du cœur
de l'homme honnète & fenfible , mais encore
qu'il pénètre jufqu'au fond du cœur trop fouvent endurci, trop fouvent impénétrable à d'autres impreffions , de l'homme du monde élevé
au-deffus de fes femblables par l'opinion atta-
chée à la naiffance , au pouvoir, aux richeffes;
que de tout tems cette voix terrible lui a fans
ceffe annoncé que dans la nature les hommes
font tous égaux.

C'eft que l'homme du peuple qui, en général,
met moins de prix à fon exiftence que n'en at-
tache l'homme du monde à la fienne propre;
qui, par cette raifon peut-ètre, eft moins frappé
de crainte par ce météore effrayant que ne l'eft
ce dernier, en conferve néanmoins plus long-
tems l'impreffion, parce que des paffions vio-
lentes , le torrent des plaifirs, une foif infatiable
d'honneurs & de richeffes ne le détournent pas
auffi fouvent, comme elles en diftraïent l'homme du monde, des réflexions profondes & falu-
taires qu'un tel phénomène fait naître chez tous
les hommes.

C'eft parce que chez l'homme inftruit cette
grande & terrible opération de la nature lui pré-

fente des apperçus de la plus haute importance,
qu'elle s'offre à lui avec toute la majesté qui
l'accompagne , & qu'il est à même de connaître
qu'elle n'a lieu qu'en exposant l'homme à
d'éminens dangers.

Chez l'homme ignorant , c'est peut-être parce
que l'amour du merveilleux qui le domine or-
dinairement , réveille alors ses sens engourdis ,
le fait sortir de sa stupeur , & donne à son ame
pour un instant, une espèce de vigueur & d'activité dont l'impression ne s'efface pas si vîte ;
& que son esprit frappé de ce météore aussi ma-
gnifique qu'il est effrayant & redoutable, s'en
occupe souvent, par une suite du cercle étroit
où ses idées sont circonscrites.

Enfin si l'homme instruit & celui qui végéte
dans l'ignorance , ont été tous deux entraînés
dans diverses erreurs en s'occupant d'un objet
aussi important, aussi difficile à saisir , l'un en
adoptant des systèmes hardis , ingénieux , mais
erronés ; l'autre en ne voulant point se sous-
traire à la puissance tyrannique de la superfti-
tion & du merveilleux à laquelle il est soumis,
à laquelle même il se plaît à se soumettre ; c'est,
il faut l'avouer , parce que la Nature ne dévoile
ses secrets qu'à un très-petit nombre , comme

aux Newton , aux Buffon , &c. & que l'amour propre chez tous les hommes, les fait néanmoins aspirer à obtenir le même privilége.

Si donc il est des objets à la recherche desquels l'homme instruit tombe d'erreurs en erreurs , ne devrait-on pas accorder à l'homme simple & ignorant, dont quelquefois toute l'ame consiste dans le jeu machinal des bras, plus d'indulgence qu'il n'en obtient pour ses erreurs sur les mêmes objets ? Cependant, en général , on ne les lui pardonne guères.

Le même jour que la jeune fille , dont il est fait mention dans cette Brochure , fut frappée de la foudre & qu'on racontait les circonstances extraordinaires qui ont accompagné ce triste événement ; des gens au-dessus de la classe du peuple , par leur état & par leurs lumieres même, répétaient : *le peuple sera donc toujours peuple ; il ne pourra jamais raconter un fait sans y mettre du merveilleux ! A-t-on jamais eu l'exemple que la foudre ait enlevé aussi complétement tous les habits de quelqu'une de ces malheureuses victimes ; que plus encore, elle les ait enlevés à 60 pieds au-dessus de la personne fulminée ?* Et l'on riait du peuple, en ne lui accordant qu'une pitié humiliante , pour ses erreurs , pour son ignorance.

Je me permettrai de l'obferver : rire aux dépens du peuple, lui témoigner une pitié humiliante, bien loin que ce foit le moyen de l'inftruire, c'eft au contraire celui de le plonger toujours plus dans l'ignorance : on en doit appercevoir les raifons. C'eft toutefois ce que fe permettent tous les jours, un grand nombre de perfonnes, manque de réflexion, & fouvent pour ne pas s'être repliées fur elles - mêmes : car, comme l'obferve *Thomas Brown*, aûteur Anglais : quiconque livre fa raifon à des erreurs populaires, dans quelque rang qu'il foit, eft plus peuple à cet égard que le manouvrier même le plus ignorant.

La même obfervation fe préfente auffi fur la plupart des livres qu'on paraît avoir eu deffein de lui deftiner. Le peuple a un langage, des idées, une maniere d'envifager les objets qui lui font propres, & il eft difficile de les faifir; fouvent même on ne s'en foucie pas, parce qu'en travaillant pour le peuple, on veut encore être entendu, être approuvé des gens du monde ; & en fe propofant ces deux buts différens, l'on manque l'un & l'autre.

D'ailleurs, il eft rare que de tels ouvrages circulent dans les mains de cette claffe de per-

fonnes, dont la plupart n'achetent point de livres, (non - feulement parce que trop fouvent
leurs facultés s'y oppofent; mais encore, parce
qu'au lieu de trouver dans leurs auteurs des
amis, des égaux qui s'entretenant familierement
avec eux & d'une maniere qui fut à leur portée,
gagneraient alors leur confiance, s'en feraient
entendre, ménageraient leur amour propre, en
conféquence les inftruiraient fans les humilier;
ils n'y rencontrent pour l'ordinaire que des cen-
feurs févères qui femblent chercher conftam-
ment à les charger de ridicule, & à peindre leur
état comme un état aviliffant (*).

Pour applanir ces difficultés, pour détruire
cet obftacle à la circulation des lumieres fi né-

(*) C'eft par cette raifon vraifemblablement que le
peuple préfere à toute autre lecture, ces recueils de
facéties, de contes, qui l'amufent, mais fans l'inftruire, & lui offrent un écueil d'autant plus dange-
reux, qu'il lui devient très-difficile de l'éviter. Faible,
crédule, toujours mécontent de fon fort, ces fortes
de productions font fouvent naître chez lui le dégoût
de fon état, en lui offrant des exemples de moyens
moins honnêtes pour fournir à fes befoins; mais, felon
l'idée trompeufe qu'il en conçoit, plus faciles & plus
prompts.

cessaires la prospérité du peuple, pour se rap-
procher de lui, les seuls moyens seraient, ce
me semble, de lui offrir des lectures faciles où
les préceptes & les conseils fussent mis en action,
de captiver & de gagner sa confiance en lui accordant des égards, en lui faisant aimer & esti-
mer son état, en ne l'obligeant point à de grands
frais, en ménageant enfin avec sagesse son amour
propre ; moyens par lesquels on parvient pres-
que toujours à persuader la multitude.

Je m'étais permis l'espoir de réussir, avec
le concours des lumieres de personnes instruites,
dont je réclamerais le secours, à faire un ouvrage
pour le peuple, qui selon que je m'en étais flatté,
aurait un peu approché de ce but. Je ne m'étais
point fait d'illusion sur les difficultés que j'aurais
à surmonter ; aussi comptais-je plus sur les for-
ces d'autrui que sur les miennes propres. Mais
en vain j'ai fait connaître, j'ai annoncé que je
m'occupais à rédiger un *Traité de Physique à
l'usage du Peuple* (*), que j'avais déjà rassem-

(*) Il n'est personne qui ne sente l'utilité importante
d'un bon ouvrage sur ce sujet, jusqu'à présent si au-
dessus de la portée du peuple. Il est plusieurs phénomènes de la nature que l'habitant de la campagne in-

blé plusieurs matériaux pour cet effet ; mais que je sollicitais d'autres secours auprès des personnes qui par leur zele pour le bien public, leurs lumieres, & leur rapprochement du peuple, étaient à même de me seconder utilement dans

---

terprête mal, sur lesquels en conséquence il contracte des idées fausses qui nuisent aux progrès de ses connaissances & si souvent aux succès de ses travaux. Pour l'ordinaire il n'a aucune idée de la théorie de la végétation, & cette ignorance sur un objet d'où dépend tout son bonheur, toute sa prospérité, ne lui permet pas de discerner lorsqu'une innovation convient ou non à ses terres. Tous les jours on fait quelque découverte dans les arts qui intéressent le peuple, & il en est plusieurs qui ne parviennent jamais jusqu'à lui. Il est victime d'une foule de préjugés qu'il serait si important de combattre, plutôt par des *évidences physiques*, que par des *évidences morales* qui échappent à la grossiéreté de ses sens. Un Ministre Allemand, M. Helmuth, nous a donné un exemple à suivre ; il a publié un ouvrage où avec le plus grand succès il a appuyé sur les *évidences physiques* ; son ouvrage est intitulé, *Physique du Peuple, pour détruire les erreurs & les superstitions* ; il est répandu dans les écoles de la campagne ; les maîtres en lisent à haute voix un morceau une ou deux fois par semaine ; les Pasteurs, dans les visites qu'ils font aux écoles, en expliquent de tems en tems quelques passages.

mon projet. Entouré, accablé, étourdi d'un essaim de Logogryphes, de Charades, &c. je n'ai pu obtenir une seule ligne qui répondit à mon invitation, qui même m'ait été envoyée dans ce dessein.

En parlant des moyens qui me paraissaient les plus propres à porter avec succès au milieu du peuple le flambeau des connaissances qui influeraient si essentiellement sur sa prospérité, plus par sensibilité que par amour propre, j'ai éprouvé un vif besoin d'exhaler mes plaintes sur le peu de succès de mes efforts pour y concourir ; & cédant à ce désir, je me suis sans doute un peu trop écarté du sujet de cette brochure.

Plus le bruit de la mort de cette fille se répandait, plus on y ajoutait de circonstances étranges ; & plus mon désir s'accroissait de connaître la vérité d'un événement sur lequel les opinions étaient si différentes. Je fus donc le lendemain visiter le lieu où la foudre était tombée, accompagné d'un ami, sinon bon physicien, au moins bon & sage observateur ; les renseignemens que je pris, l'examen du local & des traces qu'y avait laissé le tonnerre, me fournirent les observations que j'ai

expofées dans le petit Mémoire qui fait la fe-
conde partie de cet Effai.

Nous allâmes auffi examiner la fille ; fon
vifage n'était point défiguré, elle femblait au
contraire dormir d'un fommeil doux, calme
& heureux. Entourés de fes parens accablés
de douleur, dont les regards fuppliants fem-
blaient nous demander de la rendre à la vie,
fes habits déchirés par la matiere fulminante,
épars par la chambre, les cris de fes jeunes
freres, tout contribuait à faire de cette fcène
la fcène la plus terrible & la plus attendrif-
fante.

Nous fûmes émus de la douleur tranquille
du pere, des plaintes de la belle-mere. J'ai
toujours été malheureux, difait le bon homme ;
dans les années précédentes j'ai perdu des
chevaux, des vaches ; mes foins, mes travaux
ne profpèrent pas, & pour comble de maux,
je perds aujourd'hui ma fille de la manière la
plus défaftreufe ; une fille dont l'activité & la
force fuppléaient à celles que la vieilleffe m'en-
leve, & qui était la douceur, la bonté même.
Ah ! c'eft bien vrai, s'écriait la belle-mere...
comme elle aimait fon jeune frere ! comme
elle chériffait la jeune fille que je nourris en-

core! l'embrasser, l'amuser le soir, la délassait
de son travail de la journée ; & quand je
sortais, j'étais bien sûre qu'elle en prendrait
tous les soins d'une bonne mere... Comme elle
prit plaisir à parer son jeune frere le premier
dimanche de Mai!... Elle n'est plus, mes
enfans ont perdu leur seconde mere... Quand
elle a pris son dernier repas, elle avait si bon
appétit! elle sortit si joyeuse, pour aider son
pere avant que la pluie vint! Ah! mon Dieu!
je ne pensais pas qu'elle courrût à sa mort
& qu'on dût me la ramener ainsi. Jamais elle
ne nous avait donné de chagrins, jamais son
pere ne s'était fâché contr'elle ; elle méritait
un sort plus doux. Et tous les voisins, tous
les parens reconnaissaient qu'elle méritait ces
éloges ; ils y en ajoutaient d'autres encore.

Nous nous éloignâmes en faisant des réflexions mélancoliques. Qui peut s'assurer un
instant de la vie, disions-nous; qui peut comp-
ter un instant sur son bonheur! comme cette
fille honnête, sage, aimée, est passée rapidement de la vie à la mort! comme cette maison de paix est devenue en un instant une
maison de deuil!...

Ces détails, ces réflexions pourraient paraître déplacées ici si c'était sous le titre de Physicien que je publiasse cét Essai ; mais comme je suis aussi éloigné de prendre ce titre que je le suis de le mériter ; on me les pardonnera peut-être en faveur de l'impression vive & profonde qu'a produit dans mon cœur un spectacle aussi affligeant.

Quelques personnes de l'état de ces bonnes gens regardent ce genre de mort comme un effet de la malédiction de Dieu, ou du moins comme une punition, une désapprobation. Ces idées superstitieuses sont très-anciennes, comme on le sait ; on les trouve en partie chez les Grecs ; on les voit s'étendre parmi les Romains, chez lesquels il y avait des foudres de mauvai augure dont on pouvait détourner le présage par des cérémonies religieuses, & d'autres dont on ne pouvait détourner la menace par aucune expiation.

On purifiait les lieux où la foudre était tombée ; on les consacrait par le sacrifice d'une brebis ; les arbres étaient purifiés par une offrande d'un gâteau cuit sous la cendre : on vint même jusqu'à croire que le tonnerre était un bon augure quand on l'entendait du côté droit, qu'il était au contraire un signe fatal

lorsqu'on

lorfqu'on l'entendait du côté gauche. Les endroits frappés de la foudre étaient réputés
comme facrés. Enfin on regardait généralement tous ceux qui périffaient par ce météore
comme des fcélérats, des impies qui avaient
reçu un châtiment du ciel. (*) Il n'était même,
felon Pline, point permis de bruler leurs corps,
on ne pouvait que les inhumer. Chez eux,
comme chez nous, ces idées étaient une
conféquence mal appliquée de la doctrine de
la Providence, renforcée par la doctrine
fouvent intéreffée des Prêtres.

Le peuple de ce pays les tient, fans s'en
douter peut-être, de fes ancêtres Catholiques
Romains, chez lefquels mourir fans confeffion
était le comble du malheur, la fource du défef-
poir, puifque felon les Prêtres, on n'avait alors
plus d'efpérance dans la bonté de Dieu, & qu'on
était irrévocablement réfervé à des tourmens
éternels. La doctrine eft diffipée, mais les fils

(*) Ces idées tenaient à celles qu'ils fe faifaient du
Dieu Tonnerre, du Jupiter lançant la foudre. On
trouve encore des fauvages qui croient que le tonnerre eft la voix de Dieu, que l'éclair annonce fa co-
lere, & qu'il combat lorfque la foudre tombe.

B

qu'elle avait étendus fur le cœur humain fub-
fiftent encore, parce que la raifon ne les détruit pas rapidement : timide, elle marche la
tête baiffée, avec lenteur, & ne fe redreffe que
par degrés infenfibles ; elle parviendra enfin à
fe faire entendre.

Si la foudre fut tombée fur une famille dif-
famée, elle aurait confirmé la fuperftition ;
mais celle-ci était reconnue pour honnête &
fage, & l'on n'ofait voir dans le coup qui l'a-
vait frappée une punition des vices dont elle
était exempte.

De retour chez moi, je me hâtai, pour
affurer ma mémoire, de coucher par écrit les
circonftances qui ont accompagné ce coup de
foudre. Cherchant à mieux faifir fa marche,
à mieux comprendre la caufe de fes effets fin-
guliers ; arrêté fouvent par des doutes, manque de connaiffances néceffaires pour m'occuper avec fuccès d'un tel objet ; me permet-
tant néanmoins de hazarder quelques conjectures, infenfiblement je donnai à ma rélation la
forme d'un petit Mémoire.

Lorfqu'il fut achevé, déjà même en y travaillant, bien perfuadé de l'infuffifance de mes
propres moyens, je fentis combien je devais

(19)

févèrement m'interdire de le publier jufqu'à
ce que quelque Phyficien daignant y joindre
fes idées à mes faibles idées, lui eut donné alors
le degré d'intérêt & d'utilité dont il manquait
totalement. Et c'eft ce que M. de Sauffure a,
bien voulu m'accorder, en accueillant avec
bonté ma priere à ce fujet.

Eclairé par les obfervations de ce célébre
Savant, avant que de donner mon Mémoire
à l'impreffion j'aurais pu rectifier les erreurs
ou fauffes conjectures qu'on y appercevra :
mais j'ai crû qu'il était mieux de n'y faire aucun
changement ; il m'a même femblé que je devais
me l'impofer comme un devoir ; que fous tous
les rapports l'opinion de l'habile Phyficien qui a
daigné venir à mon fecours, devait me paraître
trop refpectable, pour que je puffe me permettre d'ofer confondre fes idées avec les miennes.

Avant que de paffer à ce Mémoire, j'obferverai que : ne m'étant propofé dans cette premiere partie que de hazarder quelques idées
fur le Tonnerre confidéré dans fes effets mo-
raux fur les hommes, je n'ai dû faire auffi que
quelques-unes des obfervations qu'un tel fujet
préfente.

On apperçoit encore, fans doute, que fi

j'eusse destiné cet Essai pour le peuple, j'aurais dû y renoncer, ou y suivre un tout autre plan ; j'aurais dû y exposer d'une maniere qui fut à sa portée, l'explication d'un phénomène qu'il voit s'opérer avec un appareil aussi effrayant. J'aurais dû enfin combattre les préjugés auxquels le peuple se livre à ce sujet ; & peut-être en respecter quelques-uns qui lui servent d'un frein salutaire, dont il ne ferait pas toujours sage de le dégager entièrement. Mais alors c'eut été une tâche bien délicate & bien difficile à remplir avec succès.

Respecter des préjugés qui règnent chez le peuple ! C'est une assertion qui semblera d'abord très-paradoxale & même très-étrange ; mais je crois qu'elle le paraîtrait moins, qu'il se pourrait même qu'elle ne le paraîtrait plus du tout, si nous avions sous les yeux toutes les idées diverses, toutes les opinions différentes que l'on donne au peuple de ce météore qui fixe avec tant de force son attention : idées & définitions qui toutes, données dans le but le plus respectable, ne laissent pas de se contredire quelquefois, ou de produire sur son esprit d'autres effets que ceux qu'on en attend. On lui

dit que Dieu se sert de sa foudre pour convaincre de son existence l'impie qui ose en
douter, & pour porter la terreur dans l'ame
du méchant : que d'une main il tient la foudre, que de l'autre il arrose nos campagnes,
se montre ainsi tour à tour tantôt un Juge,
tantôt un Pere ; on lui dit :

" Le tonnerre gronde, ô mortels ! Qui fait
" entendre ce bruit menaçant ? qui fait jaillir
" l'éclair du sein de la nue ? Regarde, ô pé-
" cheur, c'est le Maître du monde, c'est le
" bras du Très-haut qui lance la foudre. "

" L'Éternel du haut de son trône, laisse tom-
" ber sur nous des regards courroucés, & à la
" lueur de l'éclair, nous voyons le tombeau
" s'ouvrir sous nos pas. "

" Chrétien, que la majesté de ton Dieu ne
" porte aucun effroi dans ton ame, lorsqu'il
" s'assied sur les nuées orageuses & qu'il lance
" ses éclairs. Quand le bruit éclatant des ton-
" nerres consterne le méchant & le remplit de
" terreur, ton Dieu veille sur toi & te met à
" couvert de la foudre. "

Et on dit & on répète néanmoins, que la
grêle, le tonnerre & les orages sont un grand
bienfait de Dieu ; que les gens sensés les doivent

B 3

regarder comme des événemeus plus propres
à nous inspirer de la reconnaissance que de
la terreur, parce qu'ils purgent l'air d'une multitude d'exhalaisons nuisibles. *L'homme de bien
entend sans pâlir gronder le tonnerre*, dit-on
à un jeune homme; & le même jour le tonnerre
gronde, & il voit pâlir son bon & vertueux pere.
Tous les jours il voit, il apprend que le méchant n'est pas plus exposé aux terribles effets
de ce météore que ne l'est l'homme de bien.
On lui a dit que les grandes villes font le séjour
du vice & du crime ; & il lit dans l'Almanach que
de 7,50,000 personnes mortes à Londres pendant 30 ans, il n'y en a eu que deux de fou-
droyées. Et ces assertions différentes, la plupart
de sublimes vérités, deviennent cependant, osons
le dire, des obstacles à répandre chez le peuple
des connaissances sur la physique.

Ce qui, ce me semble, vient à l'appui de mon
opinion sur la difficulté de faire un bon Traité
de Physique à son usage.

Fin de la premiere Partie.

SECONDE PARTIE.

Quelques doutes sur un coup de foudre.

On a obfervé que la foudre tombe plus fouvent en Suiffe que dans d'autres pays qui font
plus chauds ; qu'elle y fait fréquemment des
ravages. (*)

Ces confidérations , jointes au vif defir de fe
rendre utile , dont on devrait toujours être ani-

(*) On a obfervé auffi « qu'il y tonne beaucoup plus
fouvent , & que la foudre y caufe plus d'accidens dans
les années où il y a de fréquentes alternatives de pluie
& de chaleur , que dans celles qui font féches & très-
chaudes , où il pleut rarement , parce qu'il s'éleve in-
finiment moins d'exhalaifons falines & fulfureufes avec
les parties aqueufes ; & que d'ailleurs le vent du nord
qui règne communément dans les années où il fait à
l'ordinaire un tems fec & ferein , les emporte du côté
de la mer & dans les pays chauds."

" Il paraît que la multitude des hautes montagnes
de la Suiffe , leur nature , leur fituation , & tous les
phénomènes qu'elles peuvent occafionner dans l'at-
mofphère , que tout produit des variations dans le
fait cité ci-deffus." (Valm. de Bom. *Dict. d'Hift. Nat.*)

mé dans l'étude des loix de la nature, dans la recherche de toutes les fciences dont les progrès concourent au bonheur de l'homme, font des motifs qui, ce me femble, appellent nos Phyfi-ciens à ne point négliger l'occafion d'étudier la caufe, la nature & les effets du tonnerre.

Le but de leurs recherches ne devrait-il pas être principalement ?

1°. De chercher de nouveaux moyens de per-fectionner les para-tonnerres.

2°. D'acquérir de nouvelles lumières fur les fecours les plus efficaces qu'on pourrait donner aux perfonnes fulminées. De mieux favoir dif-tinguer les cas où ces fecours doivent être tentés.

3°. De toujours plus s'affurer, fi, comme nous fommes déjà fi autorifés à le croire, il exifte une parfaite identité entre la matière élec-trique & celle du tonnerre : certitude qui fous plufieurs rapports, tendrait à reculer les bornes de la phyfique (1).

4°. De connaître les moyens qui fe préfen-teraient pour éviter ce qui peut diriger ou dé-terminer la marche de la foudre dans les lieux où il eft le plus à craindre qu'elle tombe (2).

Enfin, d'acquérir de nouvelles connaiffances, de nouvelles certitudes fur la caufe qui produit

cet étrange météore; (3) & en conféquence
d'obtenir des lumières & des armes fuffifantes
pour combattre les fyftèmes erronnés, tel, peut-
être, qu'eft celui de Mr. le Marquis de Maffey,
&c. &c.

Si ce font là les principaux objets dont doivent s'occuper les Phyficiens à l'examen d'un
coup de foudre, & de ces effets, celui fur lequel
je vais hafarder quelques doutes, n'aurait-il
pas pu fournir des remarques intéreffantes à
l'égard de l'un ou de l'autre de ces objets?

J'obferverai, que peut-être l'examen d'un
phénomène qui offre des fingularités auffi extraordinaires que font celles qu'il a préfenté,
aurait dû être fait par une perfonne qui
ofât avoir une opinion à elle; ce qui, comme
je le fens fort bien, doit m'être rigoureufement
interdit, dans ce cas furtout, où pour fe le permettre il faudrait avoir des connaiffances en
phyfique qui fuffent bien étendues, & même
peut-être bien prouvées.

Auffi ne me fuis-je décidé à hafarder ici mes
obfervations à ce fujet, ne me fuis-je flatté
qu'on me le pardonnerait, que parce qu'aucun
Phyficien, que je fâche, ne s'en eft occupé; &
qu'il m'a paru cependant qu'il aurait mérité de
fixer leur attention.

Le 5 du mois de Mai dernier, la foudre tomba à peu de diftance du nord-oueft du hameau des *Planches*, près du village dit le *Grand-Mont*, à une lieue de Laufanne ; elle frappa mortellement la fille du Sieur Bellet, âgée de vingt ans ; laquelle amenait une herfe à fon pere qui femait dans un champ.

Le lieu où la foudre eft tombée, eft formé de deux terraffes naturelles, dont l'inférieure peut avoir 40 à 50 pas de large. A l'extrêmité de cette dernière, fur la pente qui la joint au fol fitué à fon pied, s'éleve un grand poirier fauvage ; un petit chemin paffe au pied de cette terraffe.

La fille Bellet fut trouvée, au milieu du chemin, morte, abfolument nue & le vifage tourné contre le ciel. Tous fes vêtemens avaient été déchirés & difperfés dans les environs ; quelques parties même en avaient été élevées à la hauteur d'environ foixante pieds. On n'apperçut, fur fon corps, d'autre trace de la foudre qu'une bleffure au fternum, dont l'ouverture avait onze lignes dè long fur cinq de large ; la plaie était de couleur naturelle, & la partie de l'os découverte, blanche, telle qu'elle l'aurait été fi la bleffure eut été faite avec un biftouri.

Quelques cheveux du devant avaient été enlevés.

La herfe qu'elle amenait était à quatre ou cinq pas d'elle & n'avait reçu aucun dommage.

Un jeune homme qui en était éloigné de trente pas, au moment que la foudre éclata, reçut une commotion à la jambe qui lui refta enflée & douloureufe pendant quelques jours.

Le pere Bellet était à femer dans le champ au pied duquel eft tombé le tonnerre : il était environ à 85 toifes de fa fille, & ne la pouvait point voir encore par la difpofition du terrain. Il ne reffentit aucune commotion.

La foudre avait frappé le poirier environ à un tiers au-deffous de fon fommet ; elle avait marqué fa marche par des déchirures le long d'une branche fituée au nord, jufqu'à un coude qu'elle forme pour fe réunir au tronc.

A l'endroit où le tonnerre paraît avoir d'abord atteint l'arbre & à celui où il le quitta, on voyait non - feulement une déchirure, une écorchure plus forte qu'ailleurs, mais encore une partie du bois avait été enlevée.

Au-deffous du coude que forme la branche était un trou en terre, à un pied & demi du

bord de la terrasse, de trois pouces de diamètre, & profond d'environ deux pieds ; le fond
en était une boue liquide. Au pied de l'arbre
& de la terrasse, près de l'endroit où a été
trouvée la fille, & environ à trois pieds &
demi de ce trou, était un creu de deux à trois
pieds de diamètre, où la terre paraissait avoir
été bouleversée, enlevée, & au fond duquel
était une boue semblable à celle du trou supé-
rieur.

Autour du tronc du poirier étaient plusieurs
parcelles des habits de la fille, même de ses
cheveux ; elles étaient comme incrustées dans
son écorce.

Son corset avait, des deux côtés, des bouclettes de fer qui n'ont été ni fondues, ni altérées ;
quoiqu'elle ait été frappée à l'endroit où ces
bouclettes se réunissaient.

Ni sur l'arbre, ni sur la fille, ni sur ses vêtemens, rien n'offrait de traces de feu.

J'avais ouï dire que ce coup de foudre était
parti d'un tonnerre ascendant : l'enlèvement des
habits semblait autoriser cette opinion : les pay-
sans même qui m'entouraient, lorsque j'exami-
nais l'emplacement, me l'affirmaient tous, à l'exception d'un vieillard qui pensa, comme je crus

alors pouvoir le conjecturer de même, que la matière fulminante était tombée fur l'arbre, puis dans le trou fupérieur, au-deffous du coude que fait la branche, s'était échappée par la partie inférieure de la terraffe & avait pris, après avoir fait le creu inférieur, une marche afcendante (4).

Voilà l'hiftorique de ce coup de tonnerre, tel que les informations exactes que j'ai prifes & mes propres obfervations me permettent de l'expofer. Je vais le faire fuivre de quelques apperçus & de quelques doutes fur la direction & les effets de la foudre dans cette circonftance.

J'obferverai d'abord : que (fi l'on pouvait s'en rapporter au Sieur Bellet) la manière de juger de la proximité ou de l'éloignement du tonnerre indiquée par la plupart de nos Phyficiens, ne paraîtrait pas trop bien fondée. Cet homme n'était qu'à 85 toifes de l'arbre où la foudre a éclaté ; cependant avant que d'en entendre le bruit, il eut le tems d'examiner l'effet de l'éclair, qui lui parut remuer la fuperficie de la terre labourée ; il eut le tems de faire plufieurs réflexions fur le phénomène qui fe préfentait à lui ; il eut le tems encore de faire des conjectures, de s'inquiéter fur l'endroit où tomberait le tonnerre.

Et ce n'eſt qu'après tout ce tems-là & lorſque l'éclat parvint à ſes oreilles qu'il tourna la tête du côté d'où il était parti. Ce fut alors qu'il vit les habits de ſa fille élancés bien au-deſſus de l'arbre, leſquels il prit pour de la terre que la foudre avait élevé.

Depuis l'apparition de l'éclair juſqu'à l'inſ-tant où le tonnerre éclata, du moins où le bruit en parvint à lui, il croit, m'a-t-il dit, qu'il s'eſt écoulé plus d'une demi-minute. Suppoſant qu'il ſe ſoit trompé de plus de vingt-neuf trentièmes de minute, il reſterait toujours une ſeconde d'écoulée dans cet intervalle, ce qui, en comp-tant ſur 170 toiſes ou 1000 pieds d'éloignement par ſeconde qui s'écoule depuis l'éclair, ferait préciſément le double du tems que les Phyſi-ciens en admettent entre l'apparition de l'é-clair & la chûté du tonnerre.

Il en réſulterait donc que l'aſſertion de Séné-que devenue un adage preſque par tout pays, *que qui craint le tonnerre n'a rien à craindre*, ferait bien éloigné d'être juſte (5).

Le poirier fulminé ſe trouve ſeul à une aſſez grande diſtance, la foudre ne l'atteignit, ou du moins n'y laiſſa des traces de ſon paſſage qu'à une dixaine de pieds au-deſſous de ſon ſommet.

En réfulte-t-il une nouvelle preuve qu'un arbre ifolé eft plutôt atteint du tonnerre que les lieux qui en font voifins? Peut-on en induire que, puifqu'il n'a aucunement endommagé le fommet de cet arbre, il ne l'a donc pas frappé? (6)

Les deux extrèmités des traces que la foudre a laiffées, étaient plus maltraitées que le refte de la branche, peut-on en induire que la foudre avait plus d'activité, que la matière fulminante était plus condenfée lorfqu'elle a atteint l'arbre, & qu'elle l'a quitté, que lorfqu'elle l'a parcouru (6) ?

Le trou au-deffous du coude que fait la branche ne paraiffait avoir que deux pieds de profondeur ; il n'était point incliné vers l'ouverture qui fe trouvait au pied de la terraffe : il était même exactement perpendiculaire à l'horifon. Parmi les payfans qui m'avaient fuivi, il en était quelques-uns qui croyaient que ce trou exiftait long-tems auparavant. Cependant celui que la foudre fit à Cully le même jour, me parut précifément femblable, avec la feule différence qu'il était de beaucoup plus profond (*).

____

(*) Je crois qu'on me pardonnera d'extraire du *Journal de Laufanne*, N°. 21 , & de placer ici la ré-

Pourrait-on conjecturer qu'une partie de la matière fulminante se soit dispersée & ait retrouvé

---

lation que j'y ai publiée de deux coups de tonnerres qui tomberent à Cully le même jour , & dont je fus aussi examiner les traces le lendemain.

« On nous avait dit que le tonnerre était tombé à Cully sur un homme qui n'était pas mort , mais qui languirait quelque tems encore , sans espérance de se rétablir : c'était une exagération. Lorsque nous arrivâmes à Cully le lendemain , le malade travaillait à la vigne ; il n'avait eu qu'une enflure légere à la jambe , & qui était déjà dissipée."

» Nous allâmes sur les lieux ; la foudre était tombée deux fois à une centaine de pas de distance. Le second tonnerre avait ouvert le mur qui borde le chemin. La cinquieme ouverture était à cinq pas de-là , dans l'embrasure d'une porte ; tout ce que ces ravages offraient de particulier était, qu'un mur qui séparait ces ouvertures plus élevées qu'elles , n'avait aucune trace de la foudre."

» L'autre tonnerre eut des effets plus singuliers. Il était tombé dans une vigne sur un pêcher ; il avait fait dans la terre un trou de trois pouces de diamètre , profond d'environ dix pieds ; l'arbre n'avait aucune trace de la foudre. Deux jeunes seps entre lesquels était le trou , n'en avaient point souffert ; leurs jeunes bourgeons n'étaient point altérés : les échalas des environs n'offraient aucun indice qu'ils eussent été exposés

sés

trouvé paisiblement son équilibre dans la terre,
& que l'autre trouvant moins de résistance du

---

sés à quelque explosion. Cependant, un homme qui
était à quinze pas de-là, derriere une porte qui le
séparait de la vigne, fut jeté violemment à sept ou
huit pas du lieu où il était assis dans le chemin, où il
demeura étendu, poussant des cris de douleur & d'effroi. La porte derriere laquelle il était, n'avait point
été ouverte ; elle n'avait aucune trace de foudre, &
cependant, l'explosion n'avait pu parvenir à lui que
par elle. "

» On a des exemples de tonnerres qui ont frappé les
deux extrêmités d'un rang d'hommes, sans faire sentir
leur explosion à ceux qui étaient dans le milieu ; mais
c'est à l'air libre : ces hommes n'étaient point séparés
par un mur, par une porte demeurée intacte. L'explication donnée de ce phénomène peut cependant, à toute
rigueur, être appliquée à celui que nous venons de
décrire : mais, n'y en aurait-il pas ici une plus naturelle? La surprise & l'effroi ne peuvent-elles pas occasion-
ner une contraction violente dans les nerfs, renverser
un homme à quelques pas de lui, & sa chûte lui meur-
trir la tête & les pieds ? Cette explication nous paraîtrait d'autant plus probable, que cet homme robuste
& fort craignait beaucoup le tonnerre, qu'il avait été
témoin de ses effets dans une des années précédentes.
Un homme qui travaillait près de lui, en avait été
renversé ; il n'en fut pas tué, mais ses cheveux furent

côté du trou inférieur, n'ayant d'ailleurs que quelques pieds à traverser, ou ayant rencontré quelque matière conductrice de ce côté là, elle y ait dirigé sa marche & se soit échappée avec violence ? (8)

On nous cite des exemples de para-tonnerres, dont les barres conductrices n'ayant pas été portées assez avant dans la terre, la foudre après les avoir quittée n'a pas retrouvé son équilibre, s'est échappée avec violence, a labouré la superficie de la terre en manière de sillons, a enlevé des pierres ou d'autres masses à une assez grande distance, & a repris une marche ascendante (9).

Ne serions-nous donc pas autorisés à nous convaincre toujours plus, par la direction de la matière fulminante qui a fait périr cette fille, de la nécessité indispensable de porter les barres conductrices d'un para-tonnerre aussi avant dans la terre que les circonstances le permettent? (10)

Cette observation pourrait paraître bien sim-

---

brulés, sa boucle de col fondue, le derriere de son soulier emporté : cette image se retraçait à son compagnon dès que le tonnerre se faisait entendre, & lui communiquait une impression de terreur.

ple & bien naturelle ; néanmoins n'eſt-il pas
utile de ne négliger aucune occaſion de recueil-
lir de nouvelles preuves ſur l'importance des
procédés qui tendent au bonheur & à la ſécurité
des hommes ?

Je n'ai pu trouver aucun indice de commu-
nication d'un trou à l'autre ; mais la terre était
humide, elle n'était même au fond de ces trous
qu'en forme de boue. N'en ſuis-je pas autoriſé
à croire que, la terre s'étant affaiſſée, que la
boue ayant pénétré dans le paſſage, je ne pou-
vais plus le reconnaître ? D'ailleurs, n'eſt-il pas
probable qu'une partie de la matière fulminante
s'étant diſperſée dans la terre, celle qui s'eſt
échappée par le trou inférieur avait moins d'activité, était moins condenſée & n'avait pas eu
beſoin d'une ouverture auſſi grande que l'était
celle du trou ſupérieur où elle eſt tombée en
maſſe.

Quant à la grandeur, à l'évaſement de l'ouverture qu'elle a faite en s'échappant, ouverture de beaucoup plus grande que celle du trou
ſupérieur, la moindre connaiſſance en phyſique,
doit, ce me ſemble, ſuffire pour l'expliquer.

La fille Bellet était-elle préciſément à cette
place là lors de la chûte du tonnerre ? Nous

verrons dans la fuite de cet Effai que la diftance à laquelle en a été trouvé fon cadavre ne pourrait être une preuve certaine du contraire. La bleffure qu'elle a reçue à la poitrine était-elle affez confidérable pour l'avoir privée fur le champ de la vie? Cette bleffure n'avait, au plus, que onze lignes de long, cinq de large, elle n'en avait que quatre & demi de profondeur. La playe, fi je puis m'exprimer ainfi, était belle & fraiche; une très-petite partie du fternum était enlevée. Tel ayant été l'état de cette playe, ne pourrait-on pas croire qu'elle n'était pas affez grave pour avoir caufé auffi promptement la mort de cette fille? Ne pourrait-on pas conjecturer que d'autres caufes y ont concouru? Ce ferait à des perfonnes de l'art, à des Phyficiens éclairés de le décider. Cependant, nous avons des exemples que l'enfoncement du fternum peut facilement fe guérir; Ambroife Paré rapporte qu'il fut envoyé de la part du Roi de Navarre pour panfer un gentilhomme, bleffé devant Melun d'un coup de moufquet au fternum : qu'il trouva cet os enfoncé ; & que toutefois ce malade fut parfaitement rétabli.

On lit dans divers auteurs qui méritent de faire autorité (entr'autres dans Galien), plufieurs exemples de cas où le sternum a été détruit en partie & même l'a été tout-à-fait, ayant été contraint d'en enlever successivement les parties viciées par la gangrène ; & que, nonobstant, ces malades ont survécu (11).

Si, comme peut-être il serait à désirer qu'on l'eut fait, on avait ouvert le corps de cette fille, sans doute il se serait présenté quelque circonstance qui nous aurait indiqué plus clairement la cause de sa mort ; & cette recherche aurait été d'autant plus intéressante qu'il paraît qu'on est encore embarrassé à expliquer la cause de la mort des personnes, qui ayant été atteintes de la foudre, n'offrent sur leur corps aucune trace de ce terrible météore ; & que les expériences faites, jusqu'à ce jour, à ce sujet, offrent des résultats différens, & même de bien étranges contradictions. Les uns (*) ayant ouvert plusieurs personnes frappées de la foudre, leur ont trouvé les poumons affaissés comme sont ceux des animaux morts dans le vide ; d'autres, (†) au contraire, ont trouvé les poumons très-gonflés chez celles qu'ils ont ouvertes.

(*) MM. du Verney & Pitcarn, entr'autres.
(†) MM. Lower, Villis, &c.

Le dernier cas avait été fans doute produit
par l'effet de la repercuffion du fluide émané du
corps de ces perfonnes.

Il eft un ufage dans le Languedoc à l'égard
des fulminés, qui paraît indiquer qu'on y eft
généralement perfuadé que ces perfonnes là,
font mortes par la repercuffion du fluide qui ten-
dait à s'échapper de leur corps. Pendant très-
longtems on tente de redonner du jeu à leurs
poumons en afpirant avec la bouche l'air dont
ils font remplis, en cherchant tous les moyens
de lui donner iffue. Dans d'autres Provinces, au
contraire, on leur fouffle fortement dans la bouche, on cherche à redonner par ce moyen du
mouvement à leurs poumons.

Ce procédé ne pourrait être que très-nuifible
à ces victimes de la foudre, dont les poumons
font gonflés ; il eft bien propre à décider promptement leur mort lorfqu'il ferait refté quelque
efpoir de les rendre à la vie.

Mais dans le cas où les poumons ont été affaif-
fés, il eft vraifemblable que cette efpèce de fecours pourrait être de quelque utilité. Puifque,
fans doute, alors la foudre a fait un tel vide que
l'air fortant des poumons pour le remplir, il ne
leur eft refté aucun jeu. Et que dans une telle

fituation, à moins peut-être qu'on ne reçoive de bien prompts fecours, on ne tarde pas d'expirer fuffoqué.

Enfin, quoiqu'il en foit, voilà des effets, voilà des fecours bien oppofés les uns aux autres. Ils prouvent donc combien nous fommes encore éloignés de connaître parfaitement la caufe, la nature & les effets du tonnerre. Ils tendent peut-être encore à prouver toujours plus : *que les loix que l'homme s'eft empreffé de donner à la nature, n'ont pour l'ordinaire été tirées que de fa faibleffe ou de fon orgueil.* (Etudes de la Nature, par Mr. de St. Pierre.)

On pourrait mettre en queftion fi la terre pouffée avec violence contre la fille Bellet ne l'a pas tuée, n'a pas déchiré & enlevé fes habits, plutôt que la matière fulminante : fi le jeune homme n'en a pas été frappé à la jambe ; fi la terre que le pere Bellet a vu remuer à fes pieds, n'était pas de celle que le courant impétueux du fluide a enlevé de l'ouverture inférieure (*).

____

(*) Je ne dois pas oublier d'obferver ici que je n'ai point trouvé de traces de la terre, enlevée du trou inférieur, ni près de l'arbre, ni fur fes branches, ni même nulle part aux environs.

C 4

On pourrait le conjecturer, fans la nature de
la playe de la fille, playe qui ne peut point
avoir été faite avec de la terre, ni même avec
une pierre lancée avec force ; fans la circonftance des parcelles de fes habits & de fes cheveux incruftés dans le tronc de l'arbre ; enfin,
on pourrait le conjecturer, fi elle eut eu fur
fon corps quelque meurtriffure, quelque playe,
telles que peut faire de la terre pouffée avec
violence.

(12) Ces parcelles de vêtemens & de cheveux fixés dans le trou de l'arbre me frappe-
rent beaucoup d'abord : il femblait au premier
apperçu que la foudre était retournée fur fes
pas. Mais en obfervant que l'écorce du tronc
était intacte, qu'il n'y avait aucune déchirure,
comme dans la branche où la foudre était tombée, je crus pouvoir conjecturer que ces parcelles d'habillement avaient été pouffées par le
fluide électrique qui , fortant de terre , aura pris
une marche divergente : & que s'il fe fut trouvé
d'autres arbres à l'entour, ils en auraient de
même reçu.

Mais ce fluide a-t-il pu faire la playe, & s'il
l'a produite, par quelle raifon s'eft-elle trouvée
fraiche & fanglante ; n'a-t-elle eu aucun indice

de feu ; & par quelle fingularité a-t-il épar-
gné toutes les autres parties du corps ?

Je défirerais favoir fi l'on pourrait en hazarder l'explication fuivante.

On fait que la chaleur, que l'embrafement,
que produit dans les corps la matiere électrique, eft caufé par la rapidité de fa marche ;
qu'alors le corps non ifolé & celui qui eft élec-
trifé s'entrechoquent, que du degré de force
dont ce choc a lieu, dépend le plus ou le moins
d'effet. On fait auffi que nos fimples étincelles
électriques percent la peau jufqu'au fang, qu'elles enfoncent, déchirent des feuilles de métal.
Or cette fille ne pourrait-elle pas avoir été frappée en grand comme fi elle l'eut été par une
bouteille de Leyde ? Du moins il me femble-
rait reconnaître ici l'effet d'une forte étincelle
électrique qui cependant n'était pas affez forte
pour enflammer, mais qui l'était affez pour faire
des percuffions & des déchiremens.

Dans cette fuppofition, on ferait prefque tenté
de reconnaître que cette étincelle était accompa-
gnée d'un fluide de matiere électrique qui peut-
être accompagne, ou toujours ou fouvent, les
étincelles que nous obtenons avec la machine
électrique ; fluide qui par la petiteffe de nos

moyens & de nos expériences comparées avec les grandes opérations de la nature n'est que très-faible, & l'est même au point que nous ne pouvons l'appercevoir.

Est-ce à ce fluide plus ou moins condensé, est-ce à son courant plus ou moins impétueux que nous devons attribuer ces transports de personnes & d'animaux, à des distances quelquefois assez éloignées, & auxquels souvent il ne fait d'autre mal que de les effrayer ?

S'il m'était permis d'avoir une opinion sur un tel sujet, si au-dessus de la portée de mes lumieres, je croirais ne devoir pas douter que c'est aux matieres plus ou moins conductrices qu'il rencontre dans sa route, ou dans l'air, ou dans la terre, qu'on pourrait attribuer la bizarrerie de sa marche ; est-il assez condensé pour avoir la force d'agir très-violemment, il abat, il enlève, il transporte tous les objets qui cèdent à son choc ; l'est-il moins, il ne fait que les transporter.

Serait-ce un tel fluide qui aura transporté à plus d'une dixaine de pieds de l'endroit, où il se reposait, cet homme de Cully près duquel tomba la foudre le même jour ?

Il était appuyé contre une porte au bord

du chemin, la foudre tomba derriere lui dans une vigne, à fix ou fept pas de la place où il fe trouvait; il fut poufé au milieu du chemin, & n'eut cependant d'autre mal que celui que put lui faire une grande frayeur, à l'exception d'une commotion qu'il dit avoir reçue à la jambe, laquelle il eut, comme le jeune homme des *Planches*, enflée pendant deux ou trois jours. La porte ne fe trouva aucunement endommagée, & même refta fermée ainfi qu'elle l'était auparavant. Mais il eft à obferver qu'elle joignait mal au mur, que l'ouverture était plus que fuffifante pour donner paffage au fluide dont il eft fait mention ici.

M. de Bomare rapporte que dans le grenier d'une maifon voifine de l'endroit où le tonnerre était tombé, tous les fagots qui y étaient rangés avaient été culbutés, difperfés, mais fans aucun autre dommage; il ajoute : qu'il n'a pu diftinguer aucune trace d'entrée dans le grenier à fagots, mais que l'on fait que la matiere du tonnerre fe fait fouvent jour par des ouvertures très-petites, même imperceptibles. (13)

Lorfque j'ai paru douter, dans mon *Journal,* N°. 20, qu'un tel fluide fut la caufe à laquelle

on devait attribuer le transport de cet homme
de Cully , ce n'était point que je me trouvasse
autorisé à en douter , mais c'est parce que
ma Feuille est très - répandue parmi l'habitant
de la campagne & qu'il me semblait utile de
l'engager à se défier de ses affections morales ;
affections qui s'allient si souvent dans l'homme
simple aux impressions physiques.

Enfin serait-ce un tel fluide qui a déchiré &
enlevé les habits de cette fille, au même instant où une étincelle électrique l'a fortement
frappée à la poitrine , ayant été attirée à cette
place par les bouclettes de son corset ?

Je ne sais s'il est de quelque importance
d'observer que ses habits n'étaient point
mouillés lorsqu'elle a été atteinte de la foudre. Mais dans le cas qu'ils l'eussent été ,
peut - on croire qu'ils auraient été moins déchirés , élancés avec moins de violence , que
l'eau eut transmis dans l'air une partie de la
matiere électrique : comme M. Franklin a observé qu'elle pouvait en transmettre dans la
terre à l'égard des personnes frappées du haut
en-bas ?

L'on a observé que les cadavres des personnes tuées par la foudre ne tardaient pas à exha-

ler une odeur fétide , parce que la commotion qu'elles ont reçue a dilaté les solides , que les fluides en ont été décomposés & épanchés. Cependant , le cadavre de cette fille , n'exhalait pas plus d'odeur le surlendemain de sa mort , que si elle fut morte d'une maladie ordinaire. Etait-ce une observation à ne pas négliger ?

J'ignore encore si ce n'est pas multiplier inutilement les observations , que d'ajouter que le premier jour , comme le second & le troisième , son visage n'était point défiguré , elle semblait au contraire dormir d'un sommeil doux & tranquille ; que le troisième jour il coula de son nez encore un peu de sang très-fluide , que sa playe en répandait aussi quelque peu ?

J'ai vu qu'on essaya en vain de tirer du sang d'un homme , fulminé aux environs de Zurich : l'on n'en put aussi point obtenir du cadavre du Professeur Richman.

L'on fait , sans doute , que la foudre opère sur ceux qui en sont frappés les phénomènes les plus étranges ; qu'en conséquence l'on ne doit point être surpris de trouver, en disséquant leur cadavre, des effets souvent très-différens & très-difficiles à être expliqués.

Parmi les nombreux exemples qu'on en pourrait citer, il n'en eft point peut-être, qui foit plus curieux , plus extraordinaire que celui , dont il eft fait mention dans les Mémoires de l'Académie de Pétersbourg ; qui foit plus propre à exercer la fagacité & les lumières des médecins éclairés & des Phyficiens inftruits. Il préfente auffi , comme celui de la fille Bellet, une obfervation fur la fluidité du fang , confervée après un genre de mort pareil à celui qu'elle a éprouvé , & une exception aux exemples que fourniffent le cadavre de cet homme du canton de Zurich & celui du Profeffeur Richman ; en conféquence je crois qu'il n'eft pas hors de place de le citer ici. „ Le bas-ventre & la verge de cet homme furent trouvés prodigieufement enflés. La peau , du côté gauche , reffemblait à du cuir brûlé, toutes les autres parties du corps avaient une couleur de pourpre , excepté le cou qui était rouge comme de l'écarlate : on appercevait les marques d'une petite hémorrhagie à l'oreille droite : fur le deffus de la tête , fe voyait une légère bleffure , comme fi le péricrâne avait été déchiré ; & le crâne n'avait point fouffert : *le cerveau néanmoins était rempli de fang très-fluide* , & l'étui des vertèbres d'une grande abondance de férofités : les poumons étaient noirâtres & tombés, le cœur privé de fang, de même que les vaiffeaux qui l'entourent : la véficule du fiel & la veffie urinaire étaient affaiffées & entièrement vides, tandis que les uretères fe trouvaient extrêmement diftendus par la quantité d'urine qu'ils contenaient. "

F I N.

Un Mot sur les Notes suivantes.

Qu'on veuille me permettre d'observer que j'ai bien apperçu, que faisant imprimer en entier la lettre que m'a fait l'honneur de m'adresser Mr. de Sauſſure, en me renvoyant mon Mémoire, ou, comme je l'ai fait, me contentant d'en extraire seulement les Notes que j'ai placées ici, quel parti que je prisse à cet égard, quelques-uns de mes Lecteurs pourraient croire que l'amour propre me l'a dicté. Mais ceux d'entr'eux qui connaîtront l'aménité, la politeſſe & la grande indulgence de ce célèbre Phyſicien, ne pourront se tromper sur le motif qui m'a porté à cette suppreſſion.

J'observerai encore, que, quoique perſonne, mieux que ce Savant, n'aurait eu le droit en m'éclàirant sur mes doutes, en rectifiant les conjectures trop hasardées que je me suis permiſes, de s'exprimer avec cette confiance ferme & décidée, qui ne plaît pas toujours, il eſt vrai, chez

tous

tous les hommes , mais qui eſt ſi bien dûe à la
ſupériorité des lumières , & qui , dans ce cas-là,
peut contribuer à rendre l'inſtruction plus utile à
celui qui la reçoit , & moins pénible à celui qui
la donne ; j'obſerverai , dis - je , que Mr. de
Sauſſure , malgré tous les juſtes & nombreux
titres qu'il aurait eu à employer ce ton affirma=
tif dans ſa réponſe , a cependant jugé à propos
de me faire remarquer qu'il ne l'avait pris que
pour éviter de prolonger ſa lettre.

Cette obſervation , ne ſerait pas abſolu=
ment ſans utilité , ce me ſemble , préſentée à
ce grand nombre de petits auteurs obſcurs , à
cette foule de perſonnes qui ignorent preſque
tout , qui néanmoins paſſent leur vie à expli=
quer tout , du ton le plus capable , le plus
tranchant , &c.

NOTES

DE MR. DE SAUSSURE.

NOTE (1).

Il ne me paraît plus possible de douter de l'identité de la matière du tonnerre avec celle de l'électricité. Il n'est actuellement aucun bon Physicien qui en ait le moindre doute.

Les applications présentent, il est vrai, souvent des difficultés, mais le principe est indubitable.

NOTE (2).

Je crois que le principe général de ces moyens sera toujours de s'éloigner des conducteurs imparfaits ou interrompus qui sont plus élevés que nous. Ainsi, dans la campagne, il faut s'éloigner des arbres ; dans les maisons, il faut s'éloigner des murs, s'éloigner d'une espagnolette de porte ou de fenêtre qui s'élève au-dessus de notre tête, & se termine au-dessus de nos pieds. Le milieu d'une chambre, quand il n'y a point de lustre

(51)

sufpendu par une chaîne ou une barre métalli-
que, en est la place la plus assurée.

En rase campagne, un homme qui craint fortement le tonnerre pourra, en se couchant dans
un fossé, être à-peu-près sûr de n'en pas être
frappé.

NOTE (3).

Les principes sont parfaitement connus, mais
les applications peuvent être perfectionnées.

NOTE (4).

Je ne saurais croire que la matière fulminante commence par descendre jusques à la terre
pour remonter ensuite : il n'y a ni observations,
ni théorie qui appuye une telle supposition.

NOTE (5).

L'assertion de ce paysan troublé, effrayé, ne
peut pas ébranler les faits qui constatent la théorie de la propagation des sons. Tout ce qu'on
pourrait admettre, si l'on voulait accorder une
confiance aveugle à la relation de cet homme,
c'est qu'il y a eu deux explosions, l'une faible,
mais pourtant assez forte pour tuer la fille &
faire le petit trou ; l'autre qui a fait le grand
trou, & que le paysan a entendue.

D 2

NOTE (6).

Le fait de l'arbre, fur lequel on ne voit de traces de feu qu'au-deffous de fon fommet, eft vraiment remarquable. Il n'eft cependant pas nouveau.

Un bâtiment voifin des magafins de *Parflect* en Angleterre, fut frappé au-deffous d'un conducteur dont il était armé. On fuppofe que dans ces cas-là, il fe trouve dans l'air un nuage ou une traînée de vapeurs conductrices qui vient aboutir à la partie frappée, & qui communique à la maffe des nuages, lefquels contiennent le réfervoir de la matière fulminante.

NOTE (7).

Toutes les fois que la matière de la foudre change de milieu, elle éprouve une réfiftance dans fon paffage, & cette réfiftance produit un écartement de fes parties. D'où réfulte le fait obfervé.

NOTE (8).

Il eft vraifemblable que la fille était au-deffus du trou, & que le fluide a paffé de fon corps perpendiculairement dans la terre. D'ailleurs, le fluide prend toujours la route la plus courte, dans la partie du conducteur imparfait qu'il doit

traverfer ; je l'ai prouvé par des expériences fur
des cartes placées obliquement entre deux fils,
les cartes étaient toujours percées perpendiculairement

La carte *C. A.* eft toujours percée vis-à-vis
de l'un des boutons *B* ou *B*, & jamais obliquement ni dans leur intervalle.

NOTE (9).

Je prends la liberté de ne point croire à ces
exemples. J'ai vu, & avec beaucoup de foins, des
cas pareils ; la foudre n'a point rébrouffé, mais
elle a trouvé d'autres chemins par où elle a con-
tinué fa route dans fa direction originaire.

NOTE (10).

Il faut que les barres conductrices pénétrent
jufques à une profondeur où elles trouvent une
humidité conftante ; le furplus eft inutile ; & il
n'y avait point à chercher de traces de commu-
nication entre les deux trous, puifque la com-
munication n'a point eu lieu. Dès que la matière fulminante a trouvé la terre boueufe, elle
s'eft infiltrée par-là dans la maffe du globe ; &
rien ne pouvait l'engager à paffer d'un trou à
l'autre.

Note (11).

Ce n'eft point la bleffure au fternum qui a tué la fille, vous le prouvez, Monfieur, démonftrativement. C'eft l'action du fluide qui a traverfé fon corps & attaqué fa vie dans fes premiers principes.

L'Abbé Fontana croit que la matière électrique détruit l'irritabilité de la fibre animale ; les animaux frappés de la foudre confervent après leur mort une flexibilité fingulière ; leurs chairs font plus tendres, plus molles.

On n'a pas fait affez d'expériences fur les méthodes curatives ; il paraît, cependant, que les fecours les plus convenables feraient ceux que l'on employe dans les afphyxies, produites par le méphitifme de la vapeur du charbon ; l'afperfion de l'eau fraîche, par exemple, &c.

Il y a quelques années que l'on m'apporta un aigle royal vivant.

Je le deftinai à être empaillé pour mon cabinet; & fa mort étant décidée, je voulus favoir fi l'oifeau de Jupiter réfifterait à la foudre que les poëtes placent dans fes ferres. Pour cet effet, je fis paffer au travers de fon corps la décharge d'une très-grande jarre, en faifant entrer cette décharge par la tête & fortir par les pieds;

l'aigle tomba fous le coup & paraiffait fi bien mort, que fa tète pendait comme une balle fufpendue à un fil en dehors de la table , fur laquelle je l'avais pofé. Mais ce n'était qu'une afphyxie ; car tout-à-coup il reprit la vie avec tant de force & de promptitude qu'il faillit à brifer tout mon appareil : je répétai deux autres fois la même expérience & avec le même réfultat.

J'ai vu auffi de groffes poules jetées par l'explofion électrique dans de femblables afphyxies, & revenir, de cet état, en parfaite fanté.

C'eft de ces faits & de quelques autres confidérations qu'il ferait trop long d'expofer ici, que je conclus qu'il faudrait appliquer aux hommes frappés de la foudre, les mèmes remèdes qu'on applique aux afphyxiés.

NOTE (12).

Je penfe comme vous, Monfieur, dans cette page & dans la fuivante. Mais prenez gárde que le fluide électrique n'accompagne pas l'étincelle, qui n'eft autre chofe que le fluide électrique même condenfé par l'air qui le comprime à fon paffage.

NOTE (13).

Non, Monfieur, ce ne peut point être le fluide électrique qui a tranfporté le payfan de

(56)

Cully ; si cet homme avait été exposé à l'impul-
sion d'une masse de fluide électrique, assez énor-
me pour le transporter à dix pieds de distance,
il aurait été non-seulement tué, mais pulvérisé.
C'est un courant d'*air*, mis en mouvement par
l'explosion, qui a produit cet effet ; de même,
que c'est aussi un courant d'air qui a bouleversé
les fagots dont parle Mr. Valmont de Bomare.

Mais quant aux habits de la fille foudroyée,
ils ont bien pu être déchirés, ainsi que vous le
croyez, Monsieur, par le fluide électrique qui
a traversé son corps.